理科の力で考えよう！

わたしたちの地球環境

① 空気を守ろう

川村康文 [著]

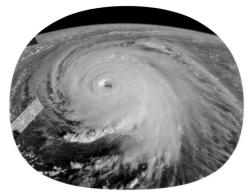

はじめに

　理科は、身のまわりのふしぎなことを楽しく学ぶ教科です。しかも理科で学ぶ内容は、わたしたちが生活していくうえで欠かすことができません。現在、環境問題が人類にとって最も重要な課題になっています。そのひとつとして、地球温暖化が原因となって、これまでに見られなかったような大型台風や集中豪雨が発生し、各地で竜巻が起きるようになりました。そして、今までの春、夏、秋、冬と異なった気候になってきています。夏でもないのに、熱中症の危険がある日が続いたり、台風がやってくる時期がわかりにくくなったり、竜巻に巻きこまれたりなど、これまで通りの生活がむずかしくなってきているのです。2050年にはカーボンニュートラルが目指されています。わたしたちが生活するうえで、二酸化炭素をまったく出さない生活はむずかしいですが、植物が吸収できる二酸化炭素の量とわたしたちが出す二酸化炭素の量を、同じくらいにすることはできそうですね。わたしたち人類全員にとっての努力目標といえます。空気について深く学ぶことで、安全で安心な生活を守っていきましょう。　　　川村　康文

もくじ

この本の使い方

この本は、「空気」にまつわる6つのテーマをしょうかいしています。1つのテーマは3つの内容からなります。まずは、①空気の基本的なはたらきを理解したうえで、②空気にかかわる環境問題を考えてみましょう。また、③そのテーマに関連したかんたんな実験や体験、最先端の科学技術の話題もしょうかいしています。

テーマに関係する理科の学習内容をチェック！

学習する学年と、教科書の単元をのせています。小学校で習わない内容は「中学生以上」と書いてあります。

空気、水、森と土は、環境の中で深くかかわり合っているよ！ほかの巻もぜひ読んでみよう！

※本の中では、1巻の「空気」は、2巻の「水」は、3巻の「森と土」で表しています。

①空気のはたらきを知ろう！

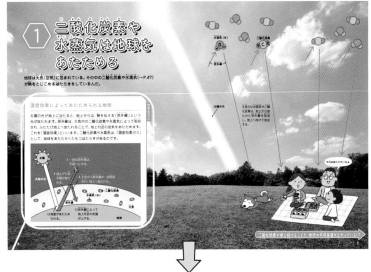

②環境問題を知ろう！

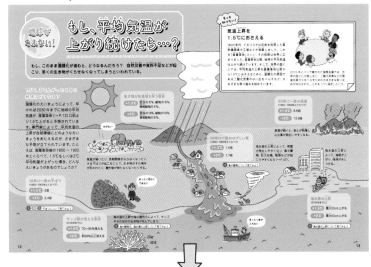

③やってみよう！ 調べてみよう！

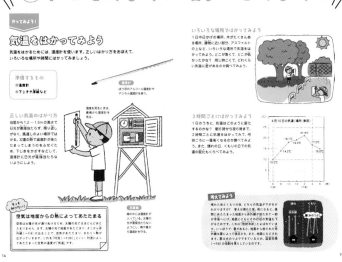

実験や体験は、かならずおとなといっしょにおこないましょう。

地球を包む大気

地球のまわりを包みこむ気体を「大気」というよ。きみたちのまわりにある「空気」も大気の一部なんだ。大気は宇宙からは、ぼんやりと青くかがやいて見える。大気の下では雲がうずをまいて、雨をふらせたり、雪をふらせたりしている。

大気

上空20kmからさつえいした積乱雲（→P.41）の集まり。雲の下でははげしい雨がふっている。
（出典：NASA / Stu Broce）

4

そもそも空気ってなんだろう？

何からできている？

空気は目に見えませんが、いろいろなものが見えない気体となってまじっています。空気は、おもに「ちっ素」、そのほかに「酸素」、「二酸化炭素」という気体などからなります。

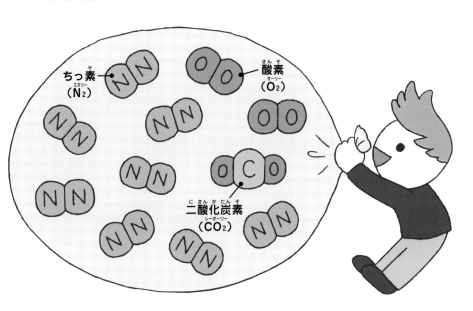

ちっ素（N₂）
酸素（O₂）
二酸化炭素（CO₂）

空気の成分の割合

二酸化炭素（0.04%）など

酸素
21%

ちっ素
78%

80%近くがちっ素からなる。

空気は呼吸に使われる

わたしたちが呼吸するとき、空気中の酸素を体内に取り入れ、二酸化炭素をはき出します（→P.16）。動物や植物など、地球上の多くの生き物は、空気がないと生きていけません。

空気は光合成に使われる

植物は二酸化炭素と水を材料に、太陽の光のエネルギーを使って「光合成（→P.23）」をおこないます。光合成をすることで、生き物の呼吸に必要な酸素を出すほか、養分（でんぷん）を生み出します。

地球があぶない！

地球の表面は空気、水、土や植物でおおわれていて、地球の環境をつくっている。いま、その環境がこわれつつあるんだって。空気は、さまざまな性質をもっている。この本では、そこに注目しながら、空気にかかわる環境問題について見ていこう。

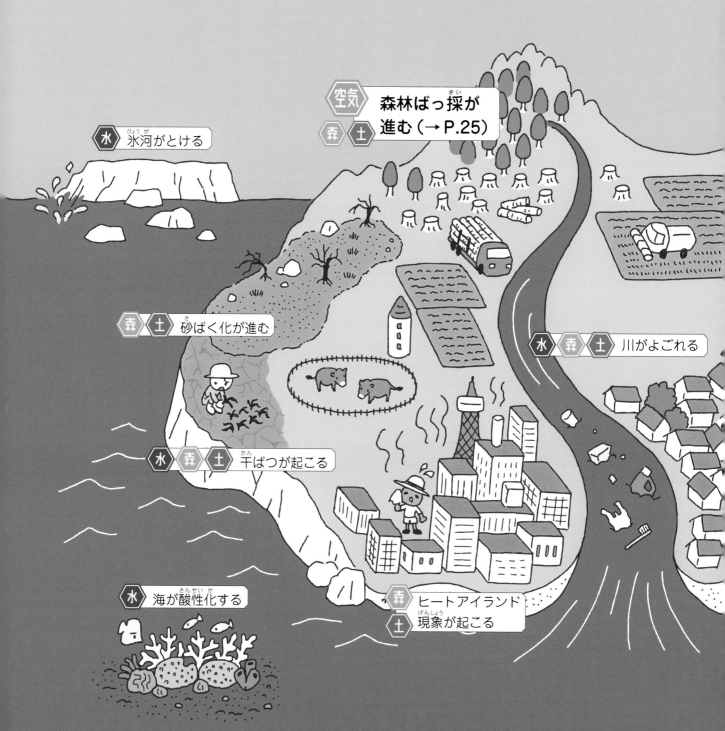

空気 森 土 森林ばっ採が進む（→P.25）

水 氷河がとける

森 土 砂ばく化が進む

水 森 土 川がよごれる

水 森 土 干ばつが起こる

水 海が酸性化する

森 土 ヒートアイランド現象が起こる

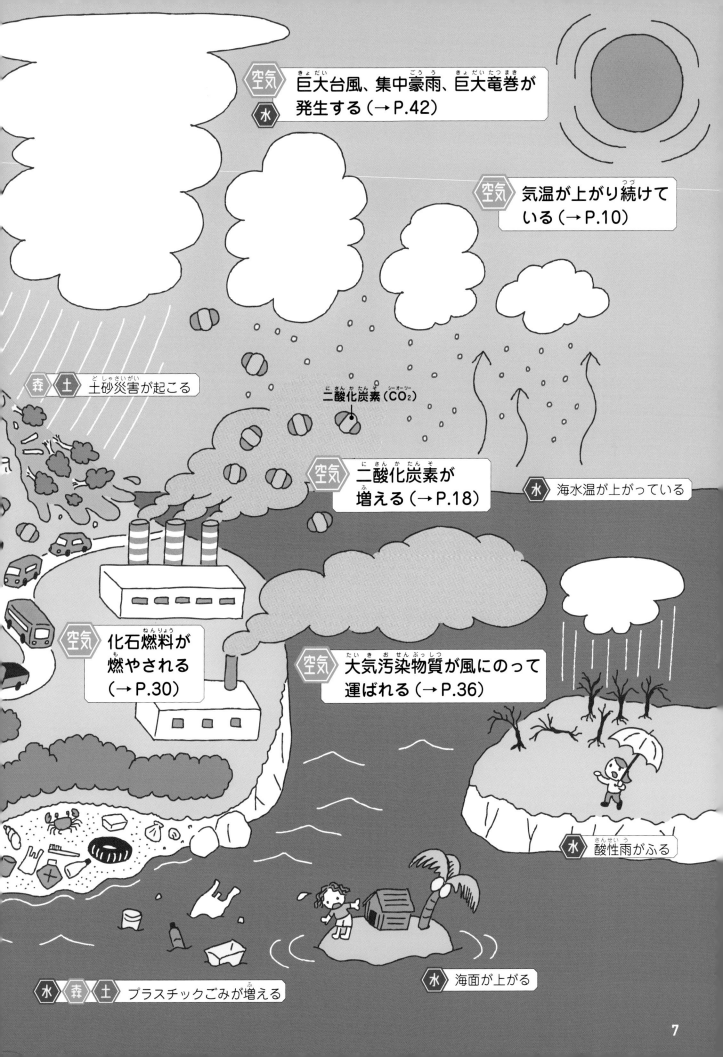

空気 水 巨大台風、集中豪雨、巨大竜巻が発生する（→P.42）

空気 気温が上がり続けている（→P.10）

森 土 土砂災害が起こる

二酸化炭素（CO₂）

空気 二酸化炭素が増える（→P.18）

水 海水温が上がっている

空気 化石燃料が燃やされる（→P.30）

空気 大気汚染物質が風にのって運ばれる（→P.36）

水 酸性雨がふる

水 森 土 プラスチックごみが増える

水 海面が上がる

7

① 二酸化炭素や水蒸気は地球をあたためる

地球は大気（空気）に包まれている。その中の二酸化炭素や水蒸気（→P.47）が熱をとじこめるはたらきをしているんだ。

（→P.47）

温室効果によってあたためられる地球

中学生以上

太陽の光が地上に当たると、地上からは、熱を伝える「赤外線」という光が放たれます。赤外線は、大気中の二酸化炭素や水蒸気によって吸収され、ふたたび地上へ放たれることで、地上付近の空気をあたためます。これを「温室効果」といいます。二酸化炭素や水蒸気は、「温室効果ガス」として、地球をあたたかくたもつはたらきがあるのです。

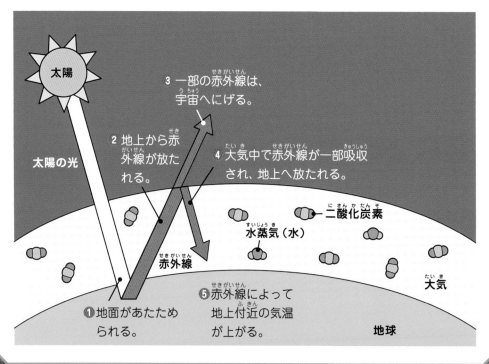

地球が あぶない！ 上がり続ける 平均気温

世界の平均気温は上がり続けている。人間の活動によって出される二酸化炭素が増えていることが原因だと考えられているよ（→P.18）。

地球全体が あつくなっている

世界の年平均気温は、上下を細かくくり返しながら、100年当たり0.76℃、日本だと1.35℃の割合で上昇しています。このように、地球全体の平均気温が上昇している現象のことを「地球温暖化（温暖化）」といいます。

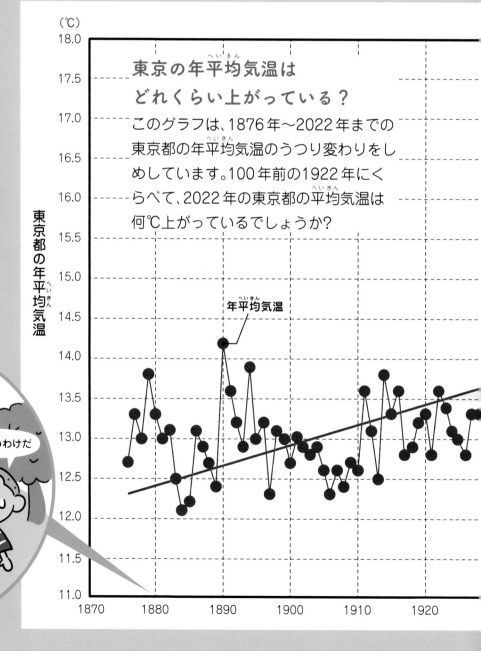

1880年8月の東京

今日の最高気温は29℃こえるって！

どうりであついわけだ

（℃）

東京の年平均気温はどれくらい上がっている？

このグラフは、1876年〜2022年までの東京都の年平均気温のうつり変わりをしめしています。100年前の1922年にくらべて、2022年の東京都の平均気温は何℃上がっているでしょうか？

東京都の年平均気温

年平均気温

陸と海の気温のはかり方

世界で、温度計によって気温が観測されるようになったのは、1850年ごろからです。世界の平均気温の変化は、何℃という実際の平均気温ではなく、30年間の平均気温の基準値からのずれで表します。正しく気温をはかるためには、太陽の光や地面からの熱などをさける必要があり、「通風筒」とよばれる機器を使って測定されています。世界の70%をおおう海上の気温は、海面の水温（海水温）をはかり、それを海上の気温としています。

気温は電子温度計によってはかる。温度計は「通風筒」におさめられ、熱がこもらないように、取りつけられたファンによって、空気を入れかえるしくみがある。

（出典：高層気象台HP〈https://www.jma-net.go.jp/kousou/obs_second_div/surface/index.html〉）

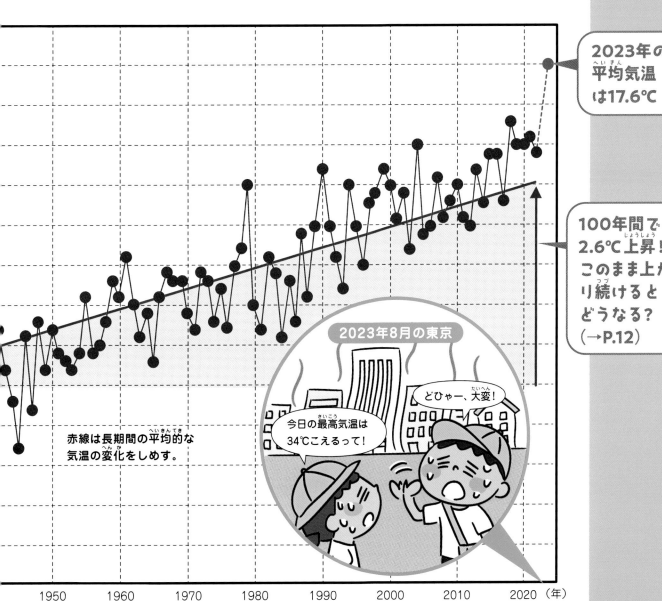

2023年の平均気温は17.6℃

100年間で2.6℃上昇！このまま上がり続けるとどうなる？（→P.12）

赤線は長期間の平均的な気温の変化をしめす。

2023年8月の東京

今日の最高気温は34℃こえるって！

どひゃー、大変！

1950　1960　1970　1980　1990　2000　2010　2020（年）

（出典：『A-PLAT「気候変動の観測・予測データの気象観測データ（気象庁提供）」』をもとに作図）

もし、平均気温が上がり続けたら…？

もし、このまま温暖化が進むと、どうなるんだろう？　自然災害や食料不足などが起こり、多くの生き物がくらせなくなってしまうといわれている。

1.5℃、2℃上がったときに地球はどうなる？

温暖化のえいきょうによって、早ければ2030年までに地球の平均気温が、産業革命（→P.13）以前より1.5℃上がると予想されています。専門家によって、平均気温の上昇が自然環境にどのようなえいきょうをあたえるのか、さまざまな予測が立てられています。たとえば、産業革命後の1850～1900年とくらべて、1.5℃もしくは2℃平均気温が上がった場合、どんなえいきょうがあるのでしょうか？

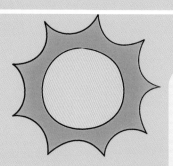

生き物が生息域を失う割合

| +1.5℃ | 昆虫の6％、植物の8％、脊椎動物の4％ |
| +2℃ | 昆虫の18％、植物の16％、脊椎動物の8％ |

水がない

高温が続いたり、長期間雨がふらなくなったりする干ばつが起こることで、生き物がすむ場所が失われたり、農作物が育たなくなったりする。

10年に一度の干ばつ
（1850～1900年とくらべて）

| +1.5℃ | 2倍 |
| +2℃ | 2.4倍 |

水　森　土　干ばつについて見てみよう

まったく収かくできない

サンゴ礁が消える割合
（2100年までに）

| +1.5℃ | 70～90％消える |
| +2℃ | 約99％以上消える |

海水温の上昇や海の酸性化によって、サンゴやそのほかの生き物が死んでしまう。

水　海の酸性化、海水温の上昇について見てみよう

気温上昇を
1.5℃におさえる

1800年代、イギリスでは石炭を利用した蒸気機関車や工場などが発展しました。これを「産業革命」といい、その技術は世界に広まりました。産業革命以降、地球の平均気温は上がり続けています。そこで、世界の国ぐにでは、平均気温の上昇を産業革命以前から1.5℃におさえるために、温暖化の原因である二酸化炭素のはい出をへらすなど、さまざまな取り組みを始めています。

2015年にパリで開かれた国際会議では、世界の国ぐにが話し合い、二酸化炭素などの温室効果ガスをへらすためのさまざまな取り決めが交わされた。これを「パリ協定」という。

50年に一度の高温
（1850〜1900年とくらべて）

| +1.5℃ | 8.6倍 |
| +2℃ | 13.9倍 |

高温が続くと、地上が乾燥し山火事が発生しやすくなる。

10年に一度のはげしい雨
（1850〜1900年とくらべて）

| +1.5℃ | 1.5倍 |
| +2℃ | 1.7倍 |

海水温の上昇によって、雨雲が発生しやすくなり、集中豪雨、巨大台風、竜巻などが起こりやすくなる（→P.42）。

 水 集中豪雨について見てみよう

海水温の上昇によって、海面が上がり、陸地が水につかる。

海水面の上昇
（2100年までに）

| +1.5℃ | 最大55cm上がる |
| +2℃ | 最大62cm上がる |

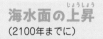 水 海水面の上昇について見てみよう

まったく魚がとれない

気温をはかってみよう

気温をはかるためには、温度計を使います。正しいはかり方をおぼえて、
いろいろな場所や時間にはかってみましょう。

準備するもの

●温度計
●下じきや厚紙など

温度計

ぼう状のアルコール温度計や
デジタル温度計を使う。

温度を見るときは、
真横から温度計を
見る。

正しい気温のはかり方

地面から1.2〜1.5mの高さで
日光が直接当たらず、照り返し
がなく、風通しのよい場所では
かる。太陽の熱で温度計があた
たまってしまうのをふせぐた
め、下じきをかざすなどして、
温度計に日光が直接当たらな
いようにしよう。

百葉箱

箱の中には温度計が
入っている。太陽の
光が直接当たらない
ようにし、雨や風か
ら温度計を守る。

もっと知りたい！

空気は地面からの熱によってあたたまる

空気は太陽の光が通りぬけるため、太陽の光ではほとんどあた
たまりません。まず、太陽の光で地面があたたまり、そこから赤
外線（→P.8）が出ることで、空気があたたまり、まわりへ熱が
広がっていきます。これを「対流（→P.39）」といい、対流によっ
てあたたまった空気の温度が「気温」です。

いろいろな場所ではかってみよう

1日中日かげの場所、木がたくさんある場所、建物に近い部分、アスファルトの上など、いろいろな場所で気温をはかってみよう。どこが高くて、どこが低かったかな？　同じ時こくで、どれくらい気温に差があるのか調べてみよう。

2時間ごとにはかってみよう

1日のうちに、気温はどのように変化するのかな？　朝6時から夜6時まで、2時間ごとに気温をはかってみて、何時ごろに一番高くなるのか調べてみよう。また、晴れの日、くもりの日での気温の変化もくらべてみよう。

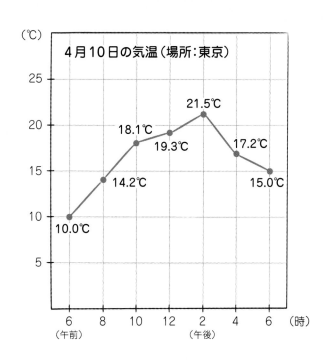

(℃)

4月10日の気温（場所：東京）

- 10.0℃
- 14.2℃
- 18.1℃
- 19.3℃
- 21.5℃
- 17.2℃
- 15.0℃

6（午前）　8　10　12　2（午後）　4　6　(時)

考えてみよう

晴れた夜とくもりの夜、どちらの気温が下がるかわかりますか？　答えは晴れた夜。夜になると、昼間にあたたまった地面から赤外線が放たれて一部が宇宙へにげ、地面とともにその付近の気温も下がるためです。これは「放射冷却」とよばれています。いっぽうで、雲があると、地面から放たれた赤外線は雲によって吸収され、また、地面にもどされます。雲は水のつぶでできているため、温室効果（→P.8）の役割を果たしているのです。

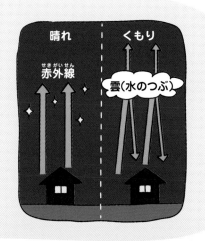

晴れ　くもり
赤外線　雲（水のつぶ）

15

❷ 二酸化炭素はどこから来るの？

温暖化の原因とされる二酸化炭素。じつは、二酸化炭素はきみたちのくらしにとても身近なものなんだ。いろいろなところから二酸化炭素は出ているよ。

二酸化炭素は呼吸するときに出る

動物や植物は、酸素を取り入れて二酸化炭素や水蒸気（→P.47）を出します。これを「呼吸」といいます。取りこんだ空気と出した空気の成分を調べると、出した空気のほうが、二酸化炭素が少し多くなっています。

取りこむ空気

二酸化炭素（0.04%）など

酸素 21%

ちっ素 78%

出す空気

二酸化炭素（4%）など

酸素 17%

ちっ素 78%

酸素

二酸化炭素

二酸化炭素の正体

二酸化炭素は、炭素（C）と酸素（O）からできています。炭素は、からだをつくるおもな材料のひとつです。生き物の呼吸では、体外から取り入れた酸素によって、炭素をふくむ有機物（→P.47）を分解してエネルギーを取り出し、二酸化炭素（CO₂）を放出しています。

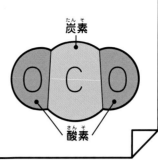

炭素
O C O
酸素

ものが燃えるときに出る二酸化炭素

ものが、光や熱を出しながら燃えることを「燃焼」といいます。ものが燃え続けるには空気が必要です。炭素をふくむものが燃えるとき、空気中の酸素が使われ、二酸化炭素が出ます。

❶ろうそくに火をつける。

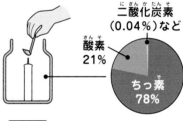

二酸化炭素
（0.04%）など
酸素 21%
ちっ素 78%

❷びんの中の酸素が使われ、ろうそくの火が燃える。

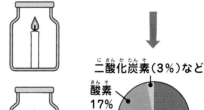

二酸化炭素（3%）など
酸素 17%
ちっ素 78%

❸びんの中の酸素が少なくなり、火が消える。

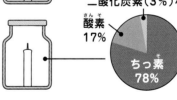

二酸化炭素はもっといろいろなところから出ているよ

地球が あぶない！

増え続ける 二酸化炭素

空気中の二酸化炭素の濃度は、世界で工業が発展する以前（1750年）のころとくらべて、その平均値は約50％増加している。くらしを豊かにするために、たくさんの石炭や石油などの化石燃料（→P.30）を燃やしているからだよ。

発電所などから出る二酸化炭素

日本国内で、人間の活動によって一番たくさん二酸化炭素を出しているのは、発電所です。石炭などを燃やして、そこからえられる熱をエネルギーに変えて、発電しています。そのほか、工場やごみ処理場など、いろいろなところから二酸化炭素が出ています。

二酸化炭素

工場
機械を動かすための電気をたくさん使う。石油（→P.31）からプラスチックの原料をつくるときも、熱を加えるため、そこから二酸化炭素が出る。

火力発電所
石炭や石油、天然ガスなどを燃やすことで、電気をつくる。そのときにたくさんの二酸化炭素が出る。

ごみ処理場
ごみを燃やすとき、二酸化炭素が出る。

農地
温室をあたためるのに電気を使う。農業機械を動かすときに出るはいガスにも、二酸化炭素がふくまれる。

ひとり当たりの二酸化炭素のはい出量

日本人ひとりが1年間ではい出する二酸化炭素の量は、約1780kgです。そのおもなはい出のもとは電気やガスです。照明、冷蔵庫、テレビなどを動かすには、たくさんの電気を使うためです。また、電気以外にも自動車を動かすガソリンも、二酸化炭素を出す原因となっています。

国内でのひとり当たりの二酸化炭素の年間はい出量（2021年度）。電化製品を動かすための電気が、二酸化炭素を出す一番の原因となっている。

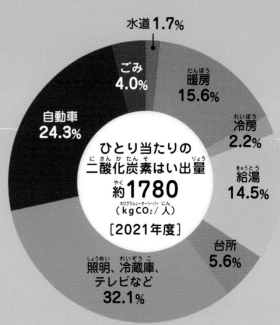

水道 1.7%
ごみ 4.0%
暖房 15.6%
冷房 2.2%
自動車 24.3%

ひとり当たりの
二酸化炭素はい出量
約1780
（kgCO₂/人）
[2021年度]

給湯 14.5%
台所 5.6%
照明、冷蔵庫、テレビなど 32.1%

（出典：国立環境研究所温室効果ガスインベントリオフィスのデータ（1990～2021年度 確報値）をもとに作図）

はいガス
自動車や飛行機などのはいガスには、二酸化炭素がふくまれている。

商業施設
店内では、明かりや冷蔵庫などがあり、発電所でつくられた電気を使う。

ガソリンは化石燃料である石油からできている。

家庭
明かりをつけたり、電化製品を動かしたりするために、発電所でつくられた電気を使う。

19

まきが燃えたら何が残る？

バーベキューやキャンプファイヤーなどでまきを燃やすことがあったら、そのようすを観察してみましょう。木は燃えながら二酸化炭素をどんどん出していきます。最後には何が残るのでしょうか？

いざ着火！

①

まきに火をつける。火がつきにくいときは、風を当てて、空気を送り続けるといい。

注意！
必ずおとなといっしょにやりましょう。

酸素

②

二酸化炭素

まきが燃えている。このとき、どんどんまわりの酸素が使われ、二酸化炭素が出されている。

だんだん小さく なってきた

3

さらに燃え続けている。木が白く、
小さくなってきている。

もっと
知りたい！

ろうそくの場合

ろうそくは、火をつけて
燃やし続けると、最後に
は何も残りません。これ
は、ろうそくが炭素（C）、
酸素（O）、水素（H）のみ
からできているためで
す。ろうそくを燃やすと、
二酸化炭素（CO_2）と、水
（H_2O）になるため、燃え
残りが出ないのです。

重さ

燃やす前（まき）
730g

↓

燃やしたあと（灰）
30g

4

ついに火が消える。残ったのは、「灰」とよばれる白い粉。
もとのまきとくらべて、その量はだいぶへっている。

考えてみよう

まき（木）が燃えると、その中の炭素が酸素とくっつき、二酸化炭素
になって空気中へ出ます。燃やす前のまきより、燃やしたあとの灰の
量が少ないのは、まきの中の炭素や水分がなくなったためです。まき
を燃やし切ったあとに残る灰のおもな成分は、植物にふくまれるカリ
ウムやカルシウムなどで、「ミネラル」とよばれています。火力発電所
で燃料として使われる石炭も、同じような燃え残りが出ます。

石炭を燃やしたあとに残る
石炭灰。セメントにまぜる
など、有効活用されている。
（出典：Mailtosap）

③ 二酸化炭素は植物に吸収される

空気中の二酸化炭素のうちの半分は、陸地と海が吸収している。植物や海藻などは、二酸化炭素を吸収し、呼吸に必要な酸素を出しているんだ。

二酸化炭素
二酸化炭素の半分は陸上と海へ吸収され、残りは大気にとどまる。

陸上へ吸収される二酸化炭素

約30%が陸上に吸収される。陸上植物は二酸化炭素を使って光合成をおこなう。吸収された二酸化炭素は「炭素」となって植物にためこまれる。

炭素

ひとつの家庭が1年間にはい出する二酸化炭素（6500kg）を吸収するためには、スギの木なら460本が必要。

植物は光合成をしてでんぷんをつくる

植物の葉に太陽の光が当たると、でんぷんなどの養分がつくられます。このはたらきを「光合成」といいます。光合成は、葉から吸収した二酸化炭素、根から吸収した水と、太陽の光を使います。植物は光合成によって、炭素をふくむでんぷんをつくり、酸素を出します。

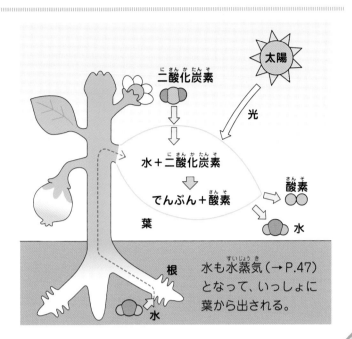

太陽

二酸化炭素

光

水＋二酸化炭素

でんぷん＋酸素

酸素

水

葉

根

水

水も水蒸気（→P.47）となって、いっしょに葉から出される。

海へ吸収される二酸化炭素

約25%が海へ吸収される。水中の海藻や植物プランクトン（→P.47）は、二酸化炭素を使って光合成をおこなう。海中で二酸化炭素が増えすぎると、海が酸性化する原因になる。

水 海の酸性化について見てみよう

二酸化炭素を吸収してためこむはたらきをしている森が失われている!?

二酸化炭素を吸収する森が失われている

世界の森林はへり続けている。へっているおもな場所は、南アメリカやアフリカなどの「熱帯林」とよばれる地域だよ。森がへり続けている原因は、人間の活動にあるんだ。

活発に二酸化炭素を吸収する熱帯林

熱帯林は、年間を通じてあたたかい場所にあり、活発に光合成（→P.23）をおこなっています。植物は、二酸化炭素を吸収し、炭素をふくむでんぷんに変え、からだの中にためこんでいます。光合成によってためこまれる炭素の量は、年間1200億tといわれていますが、その60%は熱帯林でおこなわれています。

二酸化炭素

光合成によって
二酸化炭素を吸収する

炭素をためこむ

熱帯林は二酸化炭素を吸収する役割があるほか、さまざまな生き物がくらす場所でもある！

ものすごい速さで失われる森林

世界の森林面積は、約40億6000万ヘクタール（2020年時点）。すべての陸地面積の31％をしめています。しかし、1990年から2020年までの間に、約1億8000万ヘクタールの森がへっています。その理由のひとつは、「森林ばっ採」です。なかでも無計画に木を切ることで、二酸化炭素を吸収する役割をになう熱帯林の多くが失われているのです。

森 × 土 森のはたらきについて見てみよう

2000年

2012年

上空から見た、2000年（上）と2012年（下）のアマゾンの森林の減少のようす。広がる茶色の部分は、木が切られて土がむきだしになっている場所。

（出典：NASA）

山火事

温暖化が原因で空気が乾燥し、山火事が増え、森が失われる（→P.13）。火災によってさらに二酸化炭素が増加する。

土地開発

農地や道路をつくるために木を切り、多くの森林が失われる。

違法なばっ採

国の法律に違反して木を切ることで多くの森林が失われる。ばっ採された木は、木材として使われたり、まきとして燃料にされたりする。燃料として燃やされると、二酸化炭素が増加する。

光合成を見てみよう

植物の光合成（→P.23）での、二酸化炭素を吸収して酸素を出すようすは、目で見ることはできません。でも、水草を使うと、その一部を見ることができます。

準備するもの

- ●オオカナダモ
- ●水（コップ2はい分）
- ●とうめいなコップ2つ
- ●温度計　●はさみ
- ●ストロー　●電気スタンド
- ●光をさえぎる箱など

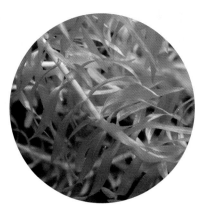

オオカナダモとは？

別名アナカリス。水そうに入れる水草の一種で、ペットショップの金魚や熱帯魚の売り場で売っている。外来生物にふくまれるので、実験が終わったあとは、野外に捨てないようにしよう。

① 2つのコップに水を入れ、短かく切ったオオカナダモを入れる。水温は20〜25℃が実験しやすいので、温度計でたしかめよう。もし水が冷たかったら室温にしばらく置いておこう。

② 両方のコップにストローで息を約30秒間ふきこむ。くるしくなったらとちゅうで息をしよう。そのとき、水をすわないように注意。

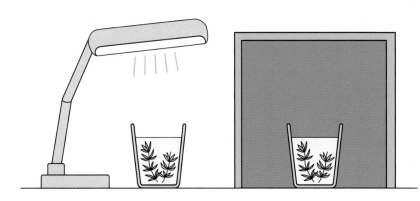

③ 片方は電気スタンドなどで明るい光を当て、もう片方は暗い場所に置いておく。それぞれのオオカナダモの変化を観察しよう。

光を当てたオオカナダモ

暗いところに置いたオオカナダモ

あわ ————

オオカナダモの表面にたくさんの
あわがついていた。

あわはほとんどついていなかった。

考えてみよう

オオカナダモについたあわは、光合成によって出された酸素です。実験の最初に、息をふきこんだのは、水に二酸化炭素をとかしこむためです。また、光を当てたほうにあわが多かったのは、光合成が活発におこなわれたためだと考えられます。オオカナダモは手に入りやすく、じょうぶであつかいやすいので、学校の理科の実験でもよく使われます。葉がうすく、細胞（→P.47）が大きいので、けんび鏡で観察しやすいのも特長です。

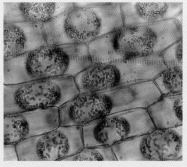

オオカナダモの細胞。細胞内の緑のつぶは「葉緑体」とよばれるもので、ここで光合成をおこなっている。葉が緑色なのは葉緑体があるため。

④ かれた植物の一部は地中にうまる

空気中の二酸化炭素を吸収して炭素（→P.22）としてためこんだ植物は、大きく成長していく。やがてかれて、一部は地中にうまるよ。

地面の下はどうなっているのかな？

炭素をためこんだ植物

かれた植物の多くは、土の中にくらす微生物（→P.47）によって細かく分解されるが、一部はそのまま残り、地中にうまる。

森×土 土の中の微生物のはたらきについて見てみよう

地面の下はどうなっている？

地面の下には、つぶの形や大きさ、色がちがう、れき（小石）、砂、どろなどが層になって積もっています。これを「地層」といいます。地層は、海の底に運ばれた土が積み重なったり、火山灰が積もったりすることでできます。地層から動物や植物の化石が見つかることがあります。

地層は、ふつうは地面の下にあるため見えないが、大陸の動きによって、地面がもり上がって断層となってあらわれたり、工事で山がけずられたりしたときに見ることができる。

森 土 地面の下についてくわしく見てみよう

地層の中には化石がふくまれる

「化石」とは、大昔の生き物のからだや生活のあとが残ったものが、長い時間をかけて地層中に保存されたものです。魚、貝、恐竜のほね、植物など、さまざまな化石が地層から見つかります。化石となった動物や植物のうち、燃えやすい燃料になったものを「化石燃料（→P.30）」といいます。植物がためこんだ炭素は、地面の下で数千万年、数億年もの時間をかけてつぶされてこくなり、燃えやすい岩石「石炭（→P.30）」に変化します。地面の下には石炭がうまっていることがあります。

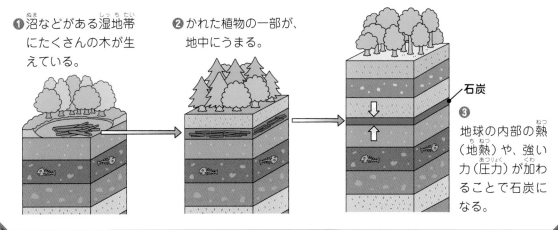

❶沼などがある湿地帯にたくさんの木が生えている。

❷かれた植物の一部が、地中にうまる。

石炭

❸地球の内部の熱（地熱）や、強い力（圧力）が加わることで石炭になる。

長い時間をかけてできた石炭が、人間によって急速に使われている!?

燃やされる化石燃料

発電などの燃料となる化石燃料は、長い年月をかけてつくられた貴重な地球の資源だ。これらが人間によってものすごいいきおいで使われ、温暖化の原因となっている。

二酸化炭素

ほり起こされる化石燃料

化石燃料には、植物がもとになっている石炭のほかに、プランクトン（→P.47）の死がいなどがもとになっている石油や天然ガスがあります。地中にうもれている化石燃料は、機械を使ってほり起こされ、パイプラインや船などで、使う場所まで運ばれ、燃料として燃やされます。化石燃料の量にもかぎりがあります。石炭の場合、このまま使い続けると139年で使い切ってしまうと考えられています（2020年末時点）。

**世界で石炭が
うまっている量※**
約1兆t
※2020年末時点の値

石炭のさいくつ

トンネルをほったり、地面を水平にほったりして石炭をとる。

世界の年間の石炭生産量
年間約87億t※
※2022年の値

石炭

植物がもとになっている化石燃料。どれくらい炭素がつまっているかによって、発熱する量が変わる。

（出典：House Committee on Natural Resources）

水平に地面をほり、石炭をとる「露天ぼり」という方法（写真はドイツの石炭露天ぼり）。

化石燃料の使い道

化石燃料の種類によって、使い道は変わります。石炭、石油、天然ガスはいずれも電気を起こす発電に使われますが、このほか石油は衣類やプラスチックなどの化学製品や乗り物、暖房の燃料に、天然ガスはガス機器の燃料にも使われます。化石燃料は、発電以外にも身近なものに使われているのです。

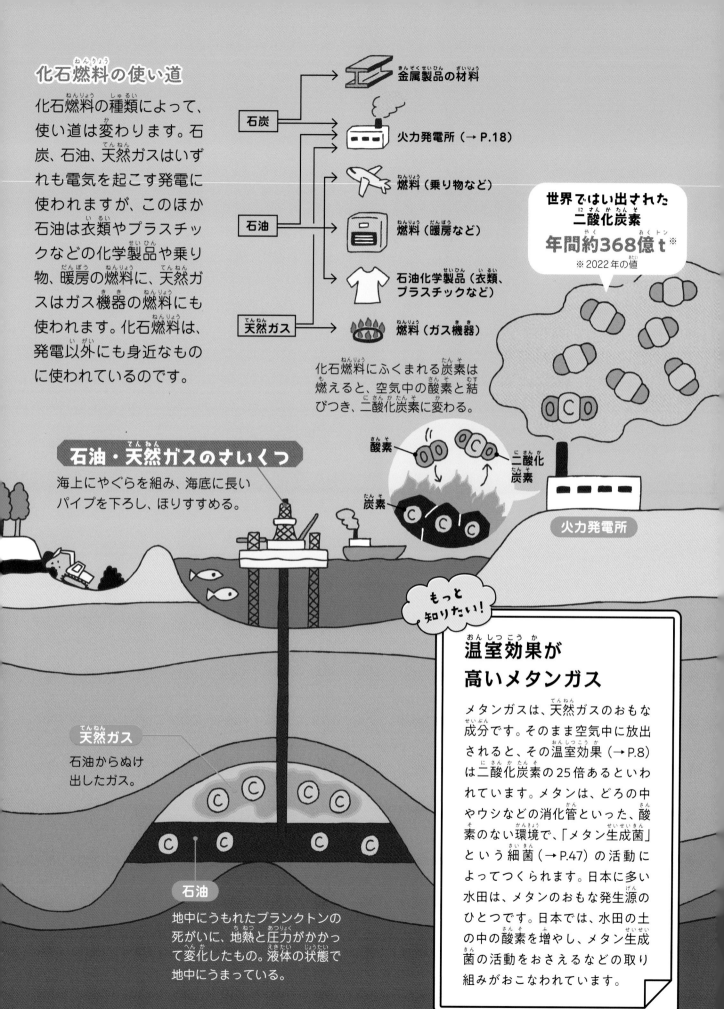

石炭 → 金属製品の材料

石炭 → 火力発電所（→ P.18）

石油 → 燃料（乗り物など）

石油 → 燃料（暖房など）

石油 → 石油化学製品（衣類、プラスチックなど）

天然ガス → 燃料（ガス機器）

化石燃料にふくまれる炭素は燃えると、空気中の酸素と結びつき、二酸化炭素に変わる。

酸素　二酸化炭素　炭素

火力発電所

世界ではい出された二酸化炭素
年間約368億 t※
※2022年の値

石油・天然ガスのさいくつ

海上にやぐらを組み、海底に長いパイプを下ろし、ほりすすめる。

天然ガス
石油からぬけ出したガス。

石油
地中にうもれたプランクトンの死がいに、地熱と圧力がかかって変化したもの。液体の状態で地中にうまっている。

もっと知りたい！

温室効果が高いメタンガス

メタンガスは、天然ガスのおもな成分です。そのまま空気中に放出されると、その温室効果（→P.8）は二酸化炭素の25倍あるといわれています。メタンは、どろの中やウシなどの消化管といった、酸素のない環境で、「メタン生成菌」という細菌（→P.47）の活動によってつくられます。日本に多い水田は、メタンのおもな発生源のひとつです。日本では、水田の土の中の酸素を増やし、メタン生成菌の活動をおさえるなどの取り組みがおこなわれています。

地球を救う科学の力
温暖化をくいとめる

温暖化の原因となる二酸化炭素をこれ以上増やさないために、どのような取り組みがなされているのでしょうか？　科学の力で解決する方法を見ていきましょう。

カーボンニュートラル実現のために

生活の中で、二酸化炭素をまったく出さないのはむずかしいため、二酸化炭素などの温室効果ガスのはい出量をできるだけへらし、それでもはい出した分は、吸収量とほぼ同じにする「カーボンニュートラル」という考え方があります。2021年に、世界125か国、1地域が2050年までにカーボンニュートラルを実現することを表明しました。そのために、どんな取り組みがおこなわれているのでしょうか。

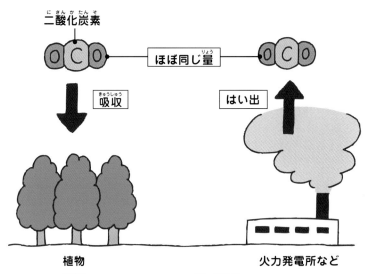

二酸化炭素　ほぼ同じ量
吸収　はい出
植物　火力発電所など

吸収とはい出がほぼ同じ量（実質ゼロ）となる。

❶ 再生可能エネルギーを使う

世界各国でおこなわれている取り組みのひとつとして、太陽光、風力、水力、地熱、バイオマスといった「再生可能エネルギー」を使うことがあります。再生可能エネルギーは自然のエネルギーを使うため、二酸化炭素のはい出がほとんどありません。しかも、太陽光、風力、水力、地熱はくり返し使えるエネルギーなので、化石燃料などの資源がなくなることもありません。

太陽光発電
太陽の光をエネルギーに変えて発電する。

風力発電
風の力をエネルギーに変えて発電する。

バイオマス発電
捨てられてしまう木くずやごみなどを燃やして、その熱をエネルギーに変えて発電する。

水力発電
流れる水の力をエネルギーに変えて発電する。

地熱発電
地下の蒸気や熱水の熱をエネルギーに変えて発電する。

❷ 二酸化炭素を地中にうめる（CCS）

近年、発電所で出るはいガスから二酸化炭素を回収して、地中にうめる「CCS（Carbon dioxide Capture and Storage）」という方法が開発されています。すでに国内では実験が成功しており、このしくみを使い、2050年時点で年間約1億2000万〜2億4000万tの二酸化炭素を回収することを目標としています。また、海外では空気中の二酸化炭素を直接回収し、地中にうめる方法も開発されています。

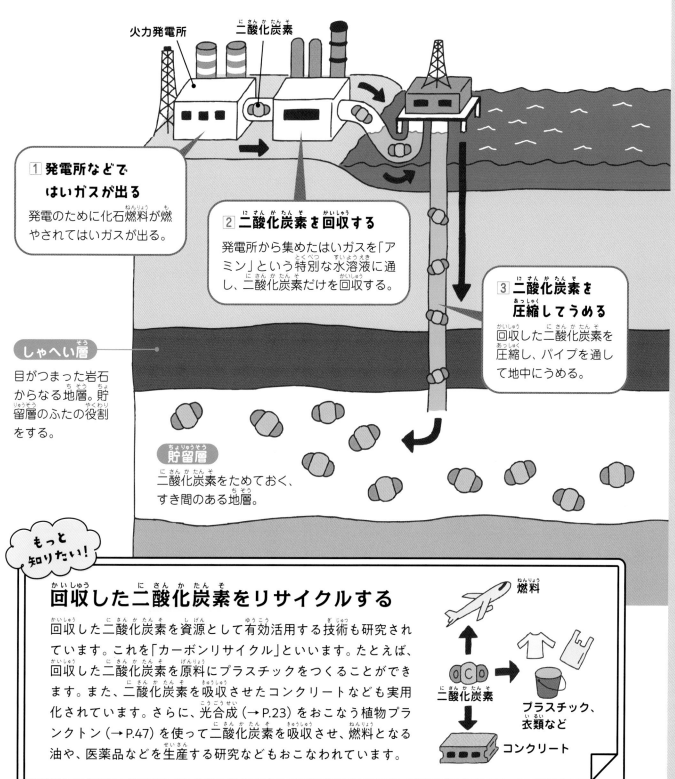

火力発電所　　二酸化炭素

1 発電所などではいガスが出る
発電のために化石燃料が燃やされてはいガスが出る。

2 二酸化炭素を回収する
発電所から集めたはいガスを「アミン」という特別な水溶液に通し、二酸化炭素だけを回収する。

3 二酸化炭素を圧縮してうめる
回収した二酸化炭素を圧縮し、パイプを通して地中にうめる。

しゃへい層
目がつまった岩石からなる地層。貯留層のふたの役割をする。

貯留層
二酸化炭素をためておく、すき間のある地層。

もっと知りたい！

回収した二酸化炭素をリサイクルする

回収した二酸化炭素を資源として有効活用する技術も研究されています。これを「カーボンリサイクル」といいます。たとえば、回収した二酸化炭素を原料にプラスチックをつくることができます。また、二酸化炭素を吸収させたコンクリートなども実用化されています。さらに、光合成（→P.23）をおこなう植物プランクトン（→P.47）を使って二酸化炭素を吸収させ、燃料となる油や、医薬品などを生産する研究などもおこなわれています。

燃料

二酸化炭素

プラスチック、衣類など

コンクリート

5 空気はつねに動いている

ふだん感じている風の正体は空気の動きだよ。どうして空気は動くのかな？　風はどこからやってくるんだろう？

風

風とは空気の移動のこと。気圧が高い方から低い方に向かって空気がおし出されることで、風がふく。

おし返す空気の力

小4　とじこめた空気

たとえば、ふくらませた風船をおすと、中からおし返されるのを感じます。これは、中の空気がおす力です。このように、物体の面をおす空気の力を「気圧」といいます。空気はいつもおたがいにおし合いをしています。空気がたくさんあるとおす力が強く（気圧が高く）、空気が少ないとおす力は弱く（気圧が低く）なります。空気は気圧が高い方から低い方へおし出されることで、移動します。この空気の移動が「風」です。

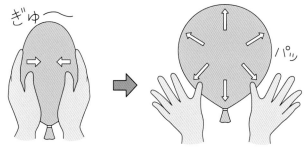

ぎゅ〜

パッ

空気が入った風船をおすと、空気の力でおし返される。

低気圧と高気圧

太陽の光で地面があたたまると地上付近の空気もあたたまり、軽くなって上空に移動するため（→P.40）、地上付近の気圧がまわりより下がります。これを「低気圧」といいます。低気圧では、まわりから風がふきこみ、雲ができやすくなっています。いっぽうで、上空で冷やされた空気は重くなって地上におりてきます。すると、地上付近の気圧がまわりより上がります。これを「高気圧」といいます。そこではまわりに風がふき出していて、雲ができにくくなっています。

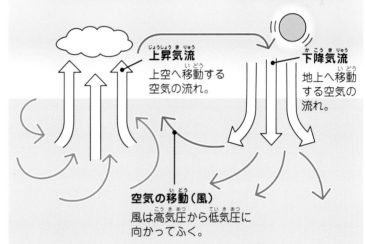

低気圧
雲ができやすいため、くもりや雨になりやすい。

高気圧
雲ができにくいので、晴れになりやすい。

上昇気流
上空へ移動する空気の流れ。

下降気流
地上へ移動する空気の流れ。

空気の移動（風）
風は高気圧から低気圧に向かってふく。

風は目に見えないけれど、からだで感じることはできるね！

よごれた空気が海をこえて移動しているらしい！

風によって運ばれる大気汚染物質

空気は海をこえて移動する。春、日本の空をおおう「黄砂」も、ユーラシア大陸の砂ばくでまい上がった砂やちりが風にのって日本にやってきたものだよ。最近では、黄砂といっしょに、大気汚染物質も飛んできていると言われているんだ。

偏西風によってやってくる黄砂

ユーラシア大陸や日本列島の上空では、つねに西から東に向かって「偏西風」という風がふいています。この風によって、「黄砂」という内陸部にある砂ばくの砂が日本へ運ばれてきます。春はとくに多くの黄砂がやってきて、日本の上空にただようことがあります。また、黄砂が日本にやってくる途中に、工業地帯や都市部で発生した「大気汚染物質」をまきこみながらやってくると考えられています。

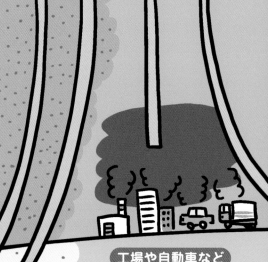

低気圧
地上付近があたためられると、空気が上昇気流（→P.35）によって空に移動し、まわりから風がふきこむ。

黄砂
内陸にある砂ばくの砂やちりが上昇気流によってまい上がったもの。

工場や自動車など
工場が出すけむりやす、車が出すはいガスには、大気汚染物質がふくまれている。

砂ばく

黄砂の原因のひとつとなっている中国内部のゴビ砂ばく。乾燥している春、砂ばくの砂がまき上げられ、日本まで飛んでくることがある。

空気がよくないなぁ

36

PM2.5って何？

大陸で発生している大気汚染物質には、「PM2.5」という、空気中にただよう直径0.0025mm（2.5μm）以下の小さなつぶもふくまれます。工場などからはい出されるけむりやすす、自動車のはいガスなどにふくまれるものがもととなっています。とても小さいため、すいこんでからだの中に入ると、ぜんそくなどの病気の原因になるといわれています。PM2.5は日本でも発生していますが、偏西風にのって大陸からもやってくると考えられています。

● PM2.5の大きさくらべ

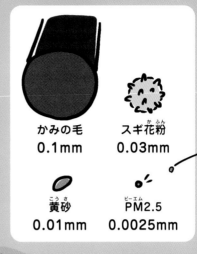

かみの毛
0.1mm

スギ花粉
0.03mm

黄砂
0.01mm

PM2.5
0.0025mm

PM2.5はとても小さいため、肺のおくまで入りこむおそれがある。

偏西風

1年中、日本列島付近を西から東にふく上空の風のこと。黄砂は大気汚染物質をまきこみながら偏西風にのってやってくると考えられている。

高気圧

上空に移動した空気が冷やされておりてくるとき、黄砂や大気汚染物質もおりてくる。

黄砂におおわれた東京。空が黄色っぽくかすんでいる。日本では春の季節、高気圧におおわれた晴れた日に黄砂がよく見られる。

ユーラシア大陸

日本

今日は空がかすんでいるなぁ

家の中で空気の動きを感じてみよう

風がふくということは、空気が移動するということです。風はあたたかい空気と冷たい空気が、それぞれ移動することで起こります。家の中で、空気の移動を体験してみましょう。

おふろのドアを開けると、冷たい空気が入ってくるのはなぜ？

あたたまったおふろのドアを開けると、脱衣所の冷たい空気が流れこんできたことはない？　あたたかい空気は、冷たい空気より軽いため（→P.35）、上へ移動する。いっぽうで、冷たい空気はあたたかい空気より重いため（→P.35）、その下にもぐりこむ。このような空気の移動が「風」となる。

ほかにもこんなことない？

● 暖房であたためた部屋のドアを開けると、ドアの外から冷たい空気が入ってきた。

● あつい室内でまどを開けたら、すずしい風が入ってきた。

さむい脱衣所

あたたかいおふろ

早く出なさい

さむい！

冷たくて重い空気
あたたかい空気より重いため、あたたかい空気の下にもぐりこむ。

あたたかくて軽い空気
冷たい空気より軽いため、冷たい空気の上に移動する。

暖房をつけているのに床が冷たいのはなぜ？

エアコンなどの暖房をつけているのに、足元が冷たいままという体験をしたことはない？　これは、あたたかくて軽い空気は天井に移動し、冷たくて重い空気は動かず、床にたまるためだよ。

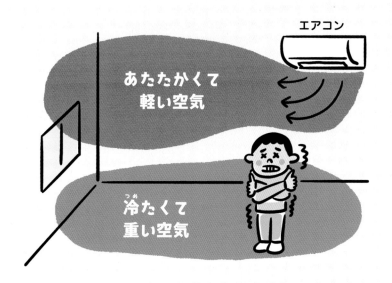

エアコン

あたたかくて軽い空気

冷たくて重い空気

＼やってみよう！／

エアコンのふき出し口を下に向けてみよう。足もとの空気があたたまる。やがて、その空気は上にのぼっていく。これを「対流」という。

あたたかくて軽い空気

冷たくて重い空気

考えてみよう

「対流」とは、あたたまった空気や水などが上部へ移動し、まわりの低い温度の空気や水が下部に流れこむことをくり返し、熱を伝える現象のことです。家の中など、まわりが囲まれた空間では、対流は自然には起きにくいので、サーキュレーターなどを使う必要があります。地球上では、たえず太陽の光によって地面があたためられ、その熱が上空へ空気とともに移動することで対流が起こっており、地球規模の熱の移動がおこなわれています。地上から約10〜16kmのあいだの大気の層は対流が活発で、「対流圏」とよばれており、雨や雪などの気象現象は、対流圏でおこなわれています。

あたためたみそしるで見られるモヤモヤも対流のひとつ。表面の冷やされたみそしるが下にしずむことで発生する。

対流が起こることでできる「うろこ雲」。みそしるの対流と同じしくみでできる。

⬡6 空気はあたたまるとふくらむ

大きな雲は一体何からできていると思う？　答えは水や氷のつぶ。あたためられた空気といっしょに水蒸気（→P.47）が空にのぼり、冷やされてできたのが雲だよ。

温度によって変わる空気の体積

手で少しへこませた空のペットボトルのふたをしっかりしめて、お湯の中、氷水の中に入れてみると、ペットボトルはどう変化するでしょうか？　ペットボトルの中には、空気が入っています。空気はあたためられると体積が増え、冷やされると体積がへります。そのため、お湯につけると、ペットボトルはふくらみ、氷水につけると、ペットボトルがへこみます。

へこませた
空のペット
ボトル。

ふくらむ。

へこむ。

小4　ものの体積と温度

❹水蒸気が水のつぶになる

空気のかたまりがふくらむと温度が下がり、水蒸気が冷やされて水のつぶに変わる。水のつぶがたくさん集まると雲になる。

水

空気

❸空気のかたまりがふくらむ

上空に上るにつれ、まわりの空気がうすくなるため、空気のかたまりがふくらむ。

雲のでき方

空気

水蒸気

❷上空に移動する

水蒸気をふくんだしめった空気が太陽の熱によって体積が増えてまわりより軽くなり、上空へ移動する。これを「上昇気流」という。

❶海面があたためられる

あたためられることで、海水が蒸発して水蒸気になる

雲

水蒸気が冷やされてできた小さな水や氷のつぶの集まり。水のつぶ同士がくっついて重くなって落ちてきたものが雨。

冷たい飲み物のコップに水てきがつくのも、雲ができるしくみと同じ。空気中の水蒸気が冷やされて、水のつぶとなってコップにつく。

中学生以上

上空にいくほど空気の量が少ない

空気は高い場所ほどうすくなって気圧（→P.34）が下がり、おす力も小さくなります。おかしなどのふくろを山の上までもっていくと、ふくらむことがあります。おかしのふくろにも空気が入っています。ふもとでは、ふくろの中と外とで気圧は同じですが、山の上にくると外の気圧が下がるため、外の空気よりふくろの中の空気のおす力が勝ち、ふくろがふくらみます。

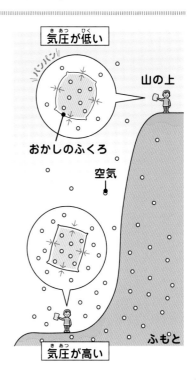

気圧が低い
山の上
おかしのふくろ
空気
ふもと
気圧が高い

これは積乱雲といって、雷やはげしい雨をもたらす雲だよ。さらに発達すると台風になることも！

温暖化によってこれまでにないような強い台風が発生する？

巨大台風が発生しやすくなる

はげしい雨と風をもたらす台風。温暖化によって海水温が上がると、巨大で強い台風がつくられるんだって。まずは、台風がどのようにできるのか見ていこう。

台風って何？

台風は、日本列島よりずっと南にあるあたたかい海の上で生まれます。海からの水蒸気（→P.47）をたくわえながらたくさんの積乱雲（→P.41）が集まり、はげしい風をともなうようになったものが台風です。温暖化によって海水温が上昇すると、より多くの海水が蒸発するため、台風は巨大化し、その勢力は強くなるといわれています。

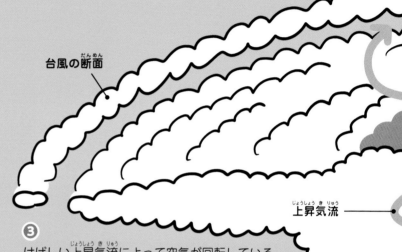

台風の断面

上昇気流

❸ はげしい上昇気流によって空気が回転しているため、雲が外側に引っ張られ、中心に「目」とよばれる空洞ができる。中心付近の最大風速が秒速17ｍ（１秒で進む速さが17ｍ）以上になったものが「台風」とよばれる。

台風ができるまで

積乱雲

風

① 大量の水蒸気をふくんだ空気が上空で積乱雲となり、熱帯低気圧ができる。その中心には、反時計回りの風がふきこむ（北半球の場合）。

② 積乱雲が大きくなり、すさまじい風が低気圧の中心に向かってうずをまきながらふきこまれる。

海
温暖化によって海水温が上がり、海水がたくさん蒸発する。

水 海水温の上昇について見てみよう

温暖化によって台風の強さはどうなるの？

温暖化が進むと、海水温は上昇しているため、より強く発達し、超大型化すると予想されています。2013年11月にフィリピンに上陸した台風は、風の強さが秒速65mをこえるものでした。このようなはげしい風を起こす台風は「スーパー台風」とよばれています。このまま温暖化が進めば、秒速70mをこす強さの台風も発生し、力がおとろえることなく日本に上陸する可能性もあります。

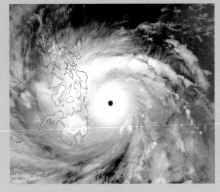

2013年11月にフィリピンをおそった台風30号。目もはっきり見える。
（出典：JTWC）

④　日本のはるか南の海上で発生した台風は、水蒸気をたくわえて勢力を強めつつ偏西風（→P.37）にのって、北上していく。

台風の目
目の中にはほとんど雲がなく、風もほとんどふいていない。

積乱雲
発達した積乱雲が台風の目のまわりをかべのように取りまく。

もっと知りたい！

竜巻ってなに？

竜巻は、積乱雲の下で上昇気流をともなう高速のうずまきが発生し、それが地上付近までのびたものです。回転しながら海や地上のものをまき上げて、大きなひがいをもたらします。台風といっしょにできることが多いとされています。

積乱雲

風の方向

竜巻の進行方向

木や建物をこわすほどの強い風を起こす。

空気を使ったマジックをしてみよう

「空気をあたためると体積が増える」というしくみを利用した
マジックをして、みんなをびっくりさせてみましょう。

準備するもの
● ビン（冷蔵庫で冷やしておく）
● 10円玉
● シャボン玉の液
　（せっけん水をうすめたものでもよい）

ビンの口が10円玉より
小さいものを選ぼう。

［その1］

10円玉

冷やしたビン

冷蔵庫でしっかり冷や
したビンの口に10円
玉をすき間がないよう
にのせて、手でビンを
つかむ。

10円玉が
カタカタ動いた！

カタ　　カタ

［その2］

冷やしたビンの口にシャボン液を
つける。

ビンを手でつかむ。

シャボン液の
まくがはって
いる状態

シャボン玉が
できた！

ビンの口についたシャボン液がふくらみ、
シャボン玉になった。

考えてみよう

冷蔵庫でビンを冷やしたことで、ビン
の中の空気も冷えています。そのビン
をあたたかい手でおさえることで、中
の空気があたためられて体積が増え、
10円玉をおし上げて動かしたり、シャ
ボン玉をふくらませたりすることがで
きました。この空気の性質を利用した
ものが「気球」です。気球ではガスバー
ナーの火を使って、気球の内部をあたた
めます。すると、内部の空気の体積が増
え、増えた分の空気が外へあふれます。
その結果、気球の内部の空気は、外へあ
ふれ出た空気の分だけ軽くなり、空へ
上がることができます。

空気

❶あたためられて
ふくらむ

❷空気が
あふれ出る

❸うく

この本に出てくる
むずかしい言葉

細胞

生き物のからだを構成する小さな単位のこと。

植物プランクトン

川や海などの水中でただよう小さな生き物のこと。陸上植物と同じように光合成をおこなう。

水蒸気

液体の水が蒸発した気体のこと。

微生物

小さな生き物のこと。細菌、プランクトンなど。

有機物

炭素「C」をふくむ化合物のことで、たんぱく質や脂肪のような生き物の材料になるもの。環境中に出る生き物の死がい、ふん、木の葉なども有機物からなる。植物は光合成をすることで、二酸化炭素と水（無機物）からでんぷん（有機物）をつくり出すことができる。

著 川村康文（かわむら やすふみ）

1959年京都府生まれ。京都教育大学卒業。京都大学大学院エネルギー科学研究科博士後期課程修了。博士（エネルギー科学）。京都教育大学附属高等学校教諭などを務めた後、現在、東京理科大学教授、北九州市科学館スペースLABO館長。研究テーマは、STEAM教育（たのしい理科実験・サイエンスショーなど）、エネルギー科学（サボニウス型風車風力発電機など）。「科学のおもしろさ」を伝えるため、幼稚園や保育園をはじめ、小学校、中学校、高校、大学で出前実験をしている。著書に『うかぶかな？しずむかな？』（遠藤宏・写真、岩崎書店）、『園児と楽しむはじめてのおもしろ実験12ヵ月』（小林尚美共著、風鳴舎）、『親子で楽しむ！おもしろ科学実験12か月』（小林尚美共著、メイツ出版）など多数。

装丁・デザイン	黒羽拓明
イラスト	ないとうあきこ
	ひらのあすみ
	山中正大
	わたなべふみ
校正	株式会社鷗来堂
	株式会社みね工房
編集制作	株式会社KANADEL

写真提供
PIXTA

カバー写真
NASA Goddard Space Flight Center

理科の力で考えよう！
わたしたちの地球環境
①空気を守ろう

2024年2月29日　　第1刷発行

著	川村康文
編	株式会社KANADEL

発行者	小松崎敬子
発行所	株式会社岩崎書店
	〒112-0005　東京都文京区水道1-9-2
	電話 03-3812-9131（営業）　03-3813-5526（編集）
	振替 00170-5-96822
印刷	株式会社光陽メディア
製本	大村製本株式会社

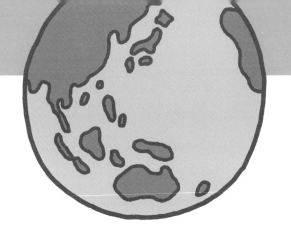

理科の力で考えよう！

わたしたちの地球環境 全3巻

川村康文 [著]

① 空気を守ろう
温暖化／化石燃料／巨大台風

② 水を守ろう
水質汚染／海の酸性化／海面上昇

③ 森と土を守ろう
砂ばく化／土砂災害／ヒートアイランド現象

岩崎書店

ワークシート

この本の「やってみよう！」「調べてみよう！」について、取り組んだ
結果と、そこから考えたことをワークシートにまとめてみましょう。

やってみたこと、調べてみたこと

予 想

結 果

考えたこと、気づいたこと

疑問に思ったこと、さらに調べたいこと